Zhongguo Wenhua
Zhishi Duben

中国文化知识读本

浑天仪与地动仪

主编 金开诚

编著 王忠强

吉林出版集团有限责任公司

吉林文史出版社

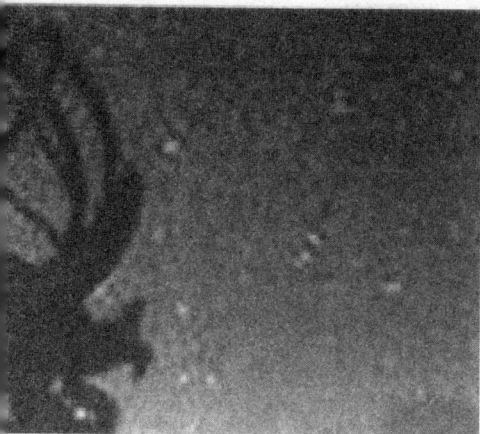

**图书在版编目（CIP）数据**

浑天仪与地动仪 / 王忠强编著 .—长春：吉林出
版集团有限责任公司：吉林文史出版社，2009.12( 2022.1 重印 )
（中国文化知识读本）
ISBN 978-7-5463-1953-7

Ⅰ.①浑… Ⅱ.①王… Ⅲ.①浑仪－简介－中国②地
震仪－简介－中国 Ⅳ.① P111.1 ② TH762.2

中国版本图书馆 CIP 数据核字（2009）第 237200 号

# 浑天仪与地动仪

HUNTIANYI YU DIDONGYI

主编/ 金开诚 编著/王忠强

责任编辑/曹恒　崔博华 责任校对/袁一鸣

装帧设计/曹恒 摄影/金诚 图片整理/王贝尔

出版发行/吉林文史出版社 吉林出版集团有限责任公司

地址/长春市人民大街4646号 邮编/130021

电话/0431-86037503 传真/0431-86037589

印刷/三河市金兆印刷装订有限公司

版次/2009 年 12 月第 1 版 2022 年 1 月第 5 次印刷

开本/650mm×960mm 1/16

印张/8 字数/30千

书号/ISBN 978-7-5463-1953-7

定价/34.80元

## 关于《中国文化知识读本》

文化是一种社会现象，是人类物质文明和精神文明有机融合的产物；同时又是一种历史现象，是社会的历史沉积。当今世界，随着经济全球化进程的加快，人们也越来越重视本民族的文化。我们只有加强对本民族文化的继承和创新，才能更好地弘扬民族精神，增强民族凝聚力。历史经验告诉我们，任何一个民族要想屹立于世界民族之林，必须具有自尊、自信、自强的民族意识。文化是维系一个民族生存和发展的强大动力。一个民族的存在依赖文化，文化的解体就是一个民族的消亡。

随着我国综合国力的日益强大，广大民众对重塑民族自尊心和自豪感的愿望日益迫切。作为民族大家庭中的一员，将源远流长、博大精深的中国文化继承并传播给广大群众，特别是青年一代，是我们出版人义不容辞的责任。

《中国文化知识读本》是由吉林出版集团有限责任公司和吉林文史出版社组织国内知名专家学者编写的一套旨在传播中华五千年优秀传统文化，提高全民文化修养的大型知识读本。该书在深入挖掘和整理中华优秀传统文化成果的同时，结合社会发展，注入了时代精神。书中优美生动的文字、简明通俗的语言、图文并茂的形式，把中国文化中的物态文化、制度文化、行为文化、精神文化等知识要点全面展示给读者。点点滴滴的文化知识仿佛繁星，组成了灿烂辉煌的中国文化的天穹。

希望本书能为弘扬中华五千年优秀传统文化、增强各民族团结、构建社会主义和谐社会尽一份绵薄之力，也坚信我们的中华民族一定能够早日实现伟大复兴！

# 目录

# 一、张衡其人

东汉建初三年（78 年），张衡出生于南阳郡西鄂县（今河南南阳市卧龙区）。他从小就天资聪颖，勤奋好学。他的祖父曾做过蜀郡和渔阳的地方官，为官清廉，去世后家道中衰，到张衡童年时期，张家的日子已相当清苦了。但是艰难的生活环境并没有阻碍少年张衡的大志，在饱读所能得到的诗书后，94 年，他决定外出游学，那年他才 16 岁。

张衡出游的第一站是长安，后来又到了东汉的都城洛阳。在洛阳这个全国的政治和学术中心，他到处拜师访友，虚心求教，结识了许多学问大家和志同道合的朋友，也读到了大量在家乡读不到的书籍。张衡不像别

张衡浮雕

浑天仪与地动仪

张衡纪念馆外景

人那样,只为做官或提高身价而攻读"五经",他对天文、星占、地理、气象、文学书籍无不兼观并览。

经过在外六年的游历求学后,张衡回到了家乡,南阳郡太守鲍德慕名邀请他担任了南阳郡主簿(文书)。一连九年,他辅佐鲍德治理南阳,推广铁制农具,兴修水利,兴学办教。永初二年(108年),张衡辞去职务,回到家中,专心钻研学问。这期间,张衡开始精读扬雄的《太玄经》。《太玄经》是一部研究宇宙现象的哲学著作,这部书启发了他向大自然中追求真理的欲望。张衡在精读《太玄经》以后,逐渐从文学创作转向哲学研究，对宇宙间自然现象和规律，例如天文、历法、数学等发生了浓厚兴趣。

书读得越来越多，学问做得也越来越好，张衡的名气也越来越大，成为当时公认的饱学之士。永初五年（111 年），东汉政府下令各郡推荐一名有学问又能干的贤士到朝廷任职，张衡当然被选中。他入朝先做郎中，后来政府根据他的才能委派他担任太史令。太史令掌管天文、历法、气象、地震等工作。在此期间和以后的为官生涯中，他的科学研究达到了一生的巅峰，在天文理论、观测、仪器制造方面都取得了远远领先于同时期世界其他地区的卓越成就。

永和元年（136 年），张衡被调出任河

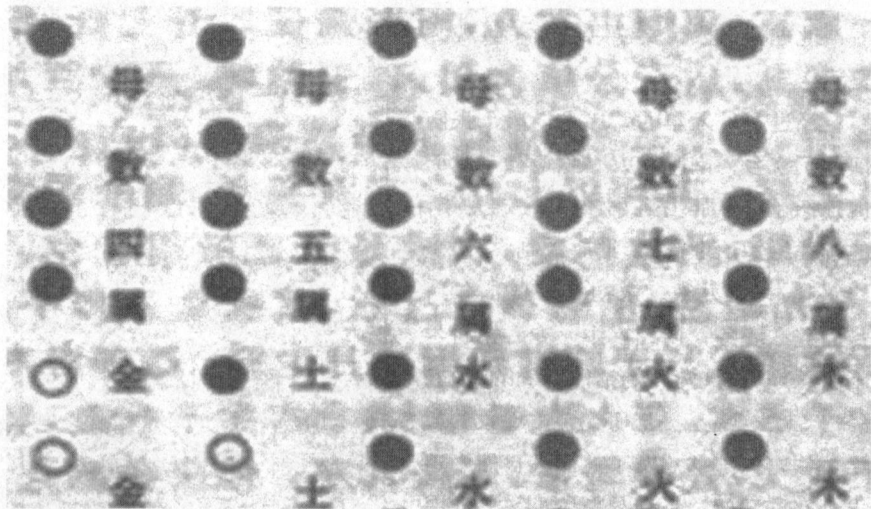

扬雄《太玄经》

张衡墓

张衡像

浑天仪与地动仪

间地方官。他上任后，深入民间，惩办豪强奸徒，清理冤狱，使"郡内大治，称为政理"。由于当时政治日趋黑暗，虽然一方得治，依然是杯水车薪，所以61岁的张衡上书皇帝，请求辞官回乡，可皇帝不但不准，还把他调入京城任尚书，张衡终因忧劳成疾，于永和四年（139年）与世长辞，享年62岁。

二、张衡学术成就

张衡是东汉时最杰出的科学家，也是世界上最早的伟大天文学家之一，被世人尊称为"科圣"。

## （一）宇宙的起源

《灵宪》认为，宇宙最初是一派无形无色的阴的精气，幽清寂寞。这是一个很长的阶段，称为"溟涬"。这一阶段乃是道之根，从道根产生道干，气也有了颜色。但是，"浑沌不分"，看不出任何形状，也量不出它的运动速度。这种气叫做"太素"。这又是个很长的阶段，称为"庞鸿"。有了道干以后，开始产生物体。这时，"元气剖判，刚柔始分，清浊异位，天成于外，地定于内"。天

《灵宪》认为宇宙最初是一派无形无色的阴的精气，幽清寂寞

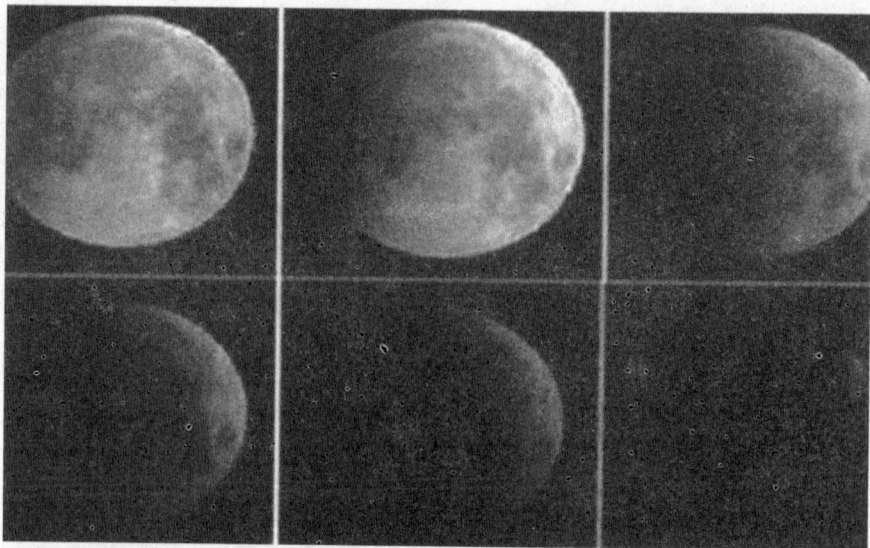

浑天仪与地动仪

地配合，产生万物。这一阶段叫做"太玄"，也就是道之实。《灵宪》把宇宙演化三阶段称之为道根、道干、道实。在解释有浑沌不分的太素气时引了《道德经》里的话："有物混成，先天地生。"这些都说明了《灵宪》的宇宙起源思想，其渊源是老子的道家哲学。《灵宪》的宇宙起源学说和《淮南子·天文训》的思想十分相像，不过《淮南子》认为在气分清浊之后"清阳者薄靡而为天，重浊者凝滞而为地"。天上地下，这是盖天说。而《灵宪》主张清气所成的天在外，浊气所成的地在内，这是浑天说。

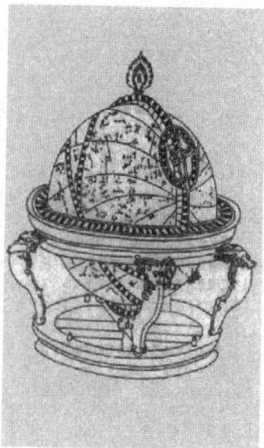

张衡《浑天仪图注》图样

　　总之，张衡继承和发展了中国古代的思想传统认为宇宙并非生来就是如此，而是有个产生和演化的过程。张衡所代表的思想传统与西方古代认为宇宙结构亘古不变的思想传统大异其趣，却和现代宇宙演化学说的精神有所相通。

## （二）关于天地的结构

　　张衡对于天地结构的学说有一个发展和演进的过程，在《灵宪》和《浑天仪图注》中所阐述的两种不同的天地结构模式，便是这一过程的忠实记录。

在《灵宪》中，一方面，张衡阐述了浑天说的一些观点，他认为"天成于外，地定于内"，这包含有浑天说中天包地外的观念，与盖天说的天在上、地在下的说法不同；他又以为"天圆以动"，这与浑天说的天体如弹丸之说相同，而与盖天说的天为半圆形的说法相异；他还认为"天有两仪，以舞道中。其可睹，枢星是也，谓之北极。在南者不著，故圣人弗之名焉"，这是说天球有南北两极，也是浑天说的观点。另一方面，张衡则沿袭了一些盖天说的旧说，他以为"地平以静"，这是第一次盖天说的观点。他又认为"用重差色股，悬天之景，薄地之仪，皆移千里而差一寸"，这则是由盖天说引申出来的结果；

方正案

浑天仪与地动仪

象限仪龙刻

他还以为"至厚莫若地""自地至天，半于八极，则地深亦如之"，这也与盖天说的观点相类似。由这些论述可见，这时张衡的天地结构学说仍借用了盖天说的若干提法，是对浑天说的初始总结。

而在《浑天仪图注》（以下凡未注明出处者，均指《浑天仪图注》内容）中，张衡则论述了另一种天地结构的新模式，他指出："浑天如鸡子，天体圆如弹丸，地如鸡中黄，孤居于内，天大而地小，天表里有水，天之包地，犹壳之裹黄。天地各乘气而立，载水而浮。周天三百六十五度四分度之一，又中分之，则一百八十二度八分之五覆地上，一百八十二度八分之五绕地下，故二十八宿半见半隐。其两端谓之南北极，北极乃天之中也，在正北，出地上三十六度，然则北极上规七十二度，常见不隐；南极乃地之中也，在正南，入地三十六度，南规七十二度，常伏不见，两极相去一百八十二度强半。天转如车毂之运也，周旋无端，其形浑浑，故曰浑天也。"这里张衡十分形象地用鸡蛋的结构和形状来形容天地的结构和形状，其要点可以归纳为：第一，天是浑圆的、有形的实体，其两端有南北两极，北极出地三十六度，南极入地三十六度；天又是不停地运动着的，犹如车毂一样绕极轴做圆周运动。第二，地的形状如鸡蛋黄，也是浑圆的，它又是静止不动的，所谓"孤居于内"的"孤"，就是

浑天仪

浑天仪与地动仪

012

浑天仪

静止不动的含义。第三，天包在地的外面，犹如鸡蛋壳包裹着鸡蛋黄一样，天要比地大得多，也正如鸡蛋黄要比鸡蛋壳小得多一样。第四，关于天、地何以不坠不陷的机制，张衡是用"天表里有水"和"天地各乘气而立，载水而浮"来解决的。水在天、地的下半部，使天、地均有所依托；气在天、地的上半部，使天、地立于稳固的状态之中。

《浑天仪图注》的天地结构有两点进步之处：一是以为地要比天体小得多，二是可能已经认为地球是浑圆的，不再是上平下圆、与半个天球等大的半球体了。该学说是当时

中国的最先进理论，是浑天说发展史上一个
重要的里程碑。

### （三）日、月视直径的测量和日、月、五星离地远近的认识

张衡指出："悬象著明，莫大于日月。其
径当天周七百三十六分之一，地广二百四十二
分之一"。据钱宝琮校，"七百三十六"和
"二百四十二"分别当为"七百三十"和
"二百三十二"之误。依照这样的说法，我
国古人对日、月视半径测量的最早记载，与
现代所测日、月平均视直径值已非常接近了。

张衡还指出"阳道左回，故天运左行"，
而"大曜丽乎天，其动者七，日、月五星是也，

浑天仪简绘

周旋右回。天道者，贵顺也。近天则迟，远天则速。"这里张衡用离天远近来解释日、月、五星在恒星间自西向东运动快慢的现象，虽然该理论是由李梵、苏统的"月行当有迟疾"，"乃由月所行道有远近出入所生"（《续汉书律历志中》）之说推衍而来的，但张衡的论述仍不失为我国古代关于日、月、五星运动理论的一次新发展。

在张衡所处的时代，人们已经对日、月、五星相对于恒星的平均日行度有所认识。那么，依照张衡的上述理论，则可推得日、月、五星离地远近的顺序为：土星、木星、火星、太阳、金星和水星、月亮。这应该就是张衡

**浑天仪是浑仪和浑象的总称**

浑天仪与地动仪

古代天象
测量仪器

对日、月、五星离地远近的认识。在《灵宪》
中，张衡还把上述关于日、月、五星运动的
理论，用来解释五星顺、留、逆等现象，这
是不可取的，其失误在于把地球和五星绕日
复合运动而呈现的五星运动视轨迹，与五星
运动的真轨迹混同起来了。但是，张衡以"近
天则迟，远天则速"的理论，用于对月亮运
动的研究，则取得了很重要的结果。汉安帝
延光二年（123 年），张衡和他的同僚周兴一
起，"参案仪注，考往较今，以为九道法最密"
（《续汉书·律历志中》），这里所说的九道法，
是指推算因月亮运动"近天则迟，远天则速"
引起的迟速不均的方法。该法虽非张衡首创，

圭表

但他以古今的实测结果，又一次有力地论证了该法的可靠性，并力主以九道法改进原有的四分历，用以推算朔日等历法问题，这些都是难能可贵的。虽然由于"用九道为朔，月有三大二小"的问题，不为当时大多数人所接受，使张衡、周兴的主张未能实现，但这毕竟是试图以加进月亮运动不均匀改正的定朔法代替平朔法的一次早期的重要努力，在我国古代历法上也是值得一书的事件。

## （四）关于月食的理论

"月光生于日之所照,魄生于日之所蔽,

当日则光盈，就日则光尽也"，这是《灵宪》
对于月光的由来及月相变化现象的解释，是
张衡从他的先辈那里接受来的。在此基础上，
张衡进一步发展了关于月食的理论："当日之
冲，光常不合者，蔽于地也，是谓暗虚。在
星星微，月过则食。"在张衡看来，"当日
之冲"是发生月食的充分和必要的条件，所
谓"当日"是指月望之时，其时日、月的黄
经相差 180°，"当日则光盈"说的就是这种
情形。这里"之"是"至""抵达"的意思，
而"冲"则有黄白道交点或其临近处的含义。
就是说只有当望发生在黄白交点或其附近时，
才发生月食。张衡还认为，在阳光的照射下，

月食

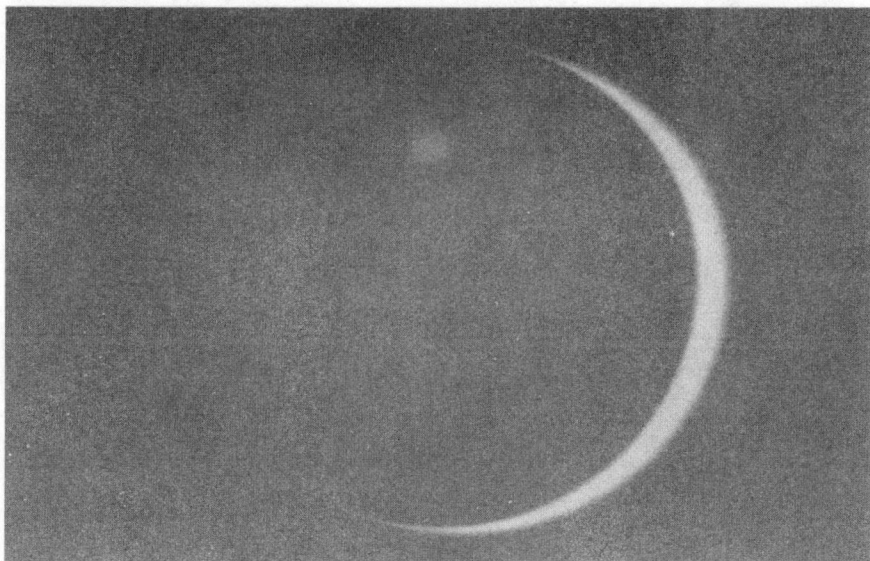

地总是拖着一条长长的影子——暗虚，只有在"当日之冲"时，地才能遮蔽照在月亮上的日光，亦即月体才能与暗虚相遇，使自身不发光的月体发生亏蚀现象。这一理论的基本点与我们现今的认识是一致的。

## （五）对于陨石、彗星的认识

张衡认为："夫三光同形，有似珠玉，神守精存，丽其职而宣其明，及其衰，神歇精斁，于是乎有陨星。然则奔星之所坠，至地则石矣。"这里奔星至地为石的观点，前人早已论及，但张衡又以为陨星是与日、月、星一样绕地运行的天体，只是当其运动失去常态时，才自天而降成为陨星，这则是对于陨星认识的新发展。

对于彗星的认识，张衡在《灵宪》中也是既有继承，亦有发展的。

张衡指出"众星列布，其以神著，有五列焉，是为三十五名"（据《开元占经卷一》），此句前还有"五星，五行之精"一句。我们认为这里张衡是沿袭了京房的说法。京房曾列出天枪、天根等三十五种娇星之名，以为它们分别由"五行气所生"，且五星各生七

陨石

浑天仪与地动仪

彗星图

种妖星，这就是"五列""三十五名"之意。

张衡又指出："老子四星、周伯、王逢、芮各一，错乎五纬之间，其见无期，其行无度，实妖经星之所。"有人认为，这里张衡是把"新星和超新星之类的恒星，也误列为行星的范围"了。我们认为，既然张衡说这些星"其行无度"，这应是彗星一类天体的重要特征，而不应是指新星或超新星，所以它们也应是彗星的别名。京房把上述三十五名统称为"妖星"，张衡说这些星是"妖经星之所"，亦正是指彗星而言。于是，张衡一方面继承了京房的说法，以为彗星乃五星的五行气所生，

另一方面又以为彗星是"错乎五纬之间"者，即把彗星归之于太阳系内的天体，这一点认识是十分可贵的。

### （六）日、月出没与中天时视大小变化

对于日、月出没时和中天时视大小的变化，张衡作了认真的分析。他认为这是与日、月所处的天空背景以及观测者所处环境的明暗反差的大小有关的视觉现象。他指出"火，当夜而扬光，在昼则不明也"，即在背景和环境均暗弱的夜晚，火炬显得明亮光大；而在背景和环境均明亮的白昼，同一个火炬则显然暗弱微小。从这一人所共知的视觉现象，张衡引申出他的推论：当日、月出没时，天

太阳

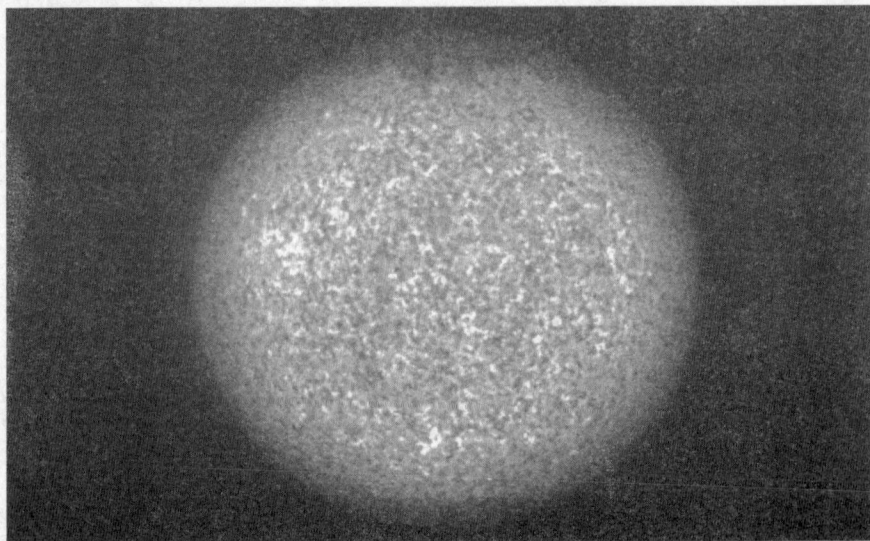

月亮

空背景和观测环境均较暗弱，"繇暗视明，明无所屈，故望之若大"，与火在昼不明是一个道理。这里张衡所提到的"明无所屈"和"暗还自夺"，是关于反差现象的具体说明，当日、月与天空背景的反差大时，日、月轮廓鲜明，无所消隐；相反，反差小时，日、月轮廓模糊，为背景所隐夺，这就是前者望之若大，后者望之若小的原因。

## （七）对于恒星的观测

张衡指出："中、外之官，常明者百有二十四，可名者三百二十，为星二千五百，而海人之占未存焉。微星之数，

**宇宙中的恒星**

盖万一千五百二十。"这里说在长期观测、统计的基础上，他对恒星进行了区分和命名，共得 444 星官，2500 颗恒星，这还不包括航海者在南半球看到的星宿。据《汉书天文志》记载，"凡天文在图籍昭昭可知者，经星常宿中外官凡百一十八名，积数七百八十三星"，而其后中国古代传统的星官亦仅 283 官 1465 星。所以，张衡对恒星区分、命名的数量不仅超过前人，亦胜于后人。可惜史料遗缺，不得知其详。

吕子方从有关古籍中录出张衡对于牛、危、虚、昴、毕、觜、井、鬼、柳、星、轸等十一宿，太微垣、紫微垣、天市垣等三垣，以及阁道等 34 星的占文，认为这是《灵宪》的重要遗文之一。我们认为此说是可信的，由此可知，张衡所说 444 官，2500 星，确实是真的。又从张衡所制水运浑象在密室中运转时，"某星始见，某星已中，某星今没，皆如合符"（《隋书·天文志上》）的记载看，这些恒星在浑象上的位置，显然与它们在天球上的实际位置是基本一致的，这只有在对恒星位置作较精细的测量的基础上才有可能。这说明张衡确实对恒星的位置作过相当好的定量测量工作，这些都是张衡在恒星观测方面取得很大成绩的证明。

恒星爆炸

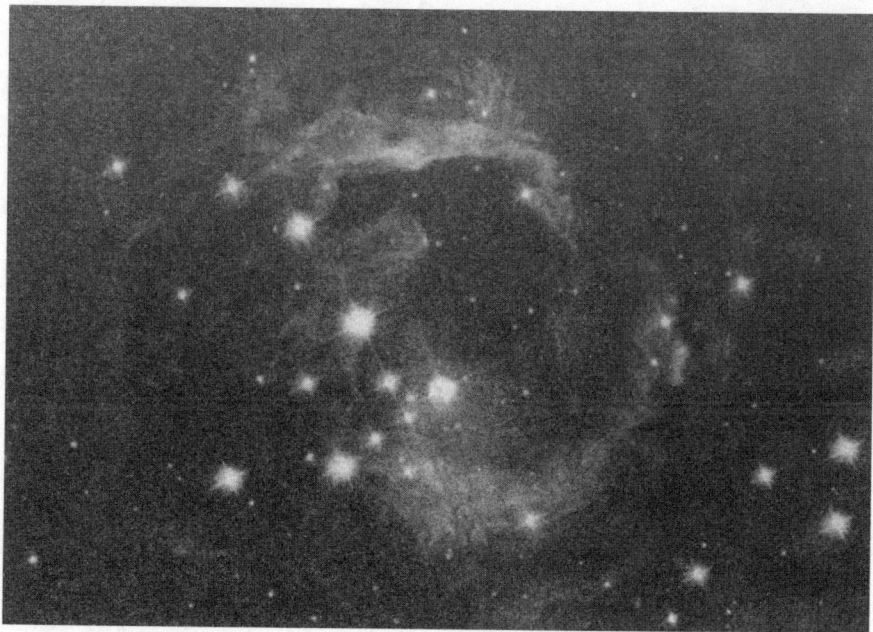

## （八）历法讨论

张衡曾参加过一次东汉王朝的历法大讨论，这次历法大讨论发生在汉安帝延光二年(123年)。据《汉书·律历志》记载，张衡当时任尚书郎之职。这次大讨论的起因是，有人从图谶和灾异等迷信观念出发，非难当时行用的较科学的东汉《四分历》，提出应改用合于图谶的《甲寅元历》。又有人从汉武帝"攘夷扩境，享国久长"出发，认为应该倒退回去采用《太初历》。张衡和另一位尚书郎周兴对上述两种意见提出了批驳和诘难，使这二宗错误意见的提出者或者无言以对，或者所答失误，从而为阻止历法倒退作出了贡献。张衡、周兴两人在讨论中还研究了多年的天文观测记录，把它们和各种历法的理论推算进行比较，提出了鉴定，认为《九道法》最精密，建议采用。的确，《九道法》的回归年长度和朔望月长度数值比《太初历》和东汉《四分历》都精密。

而且，《九道法》承认月亮运行的速度是不均匀的，而当时其他的历法都还只按月亮速度均匀来计算。所以，《九道法》所推算的合朔比当时的其他历法更符合天文实

古代历法

浑天仪与地动仪

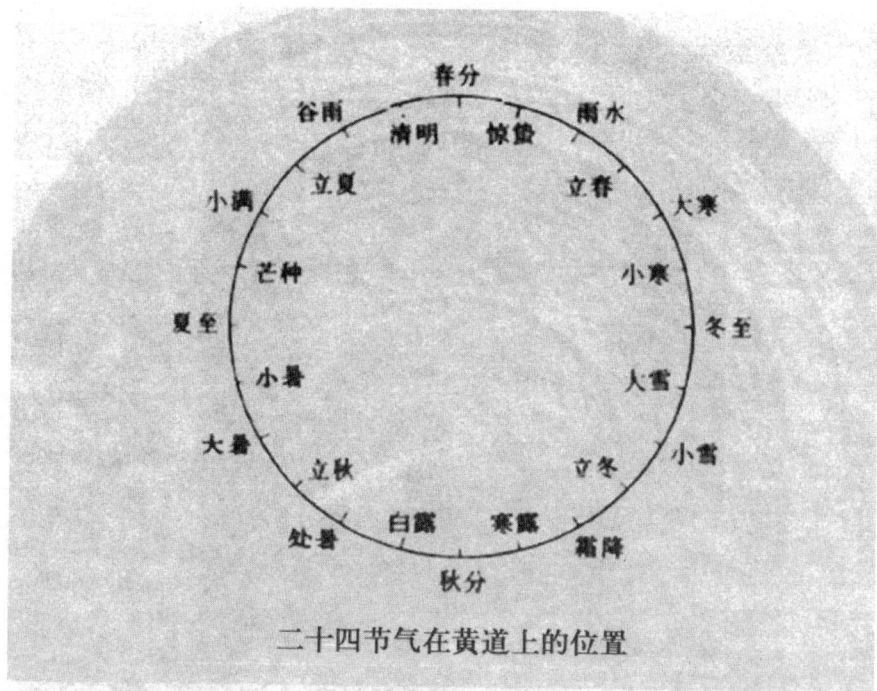

二十四节气在黄道上的位置

际。只是如果按照《九道法》推算，将有可能出现连着三个30天的大月，或连着两个29天的小月等现象。而按千百年来人们所习惯的历法安排，从来都是大、小月相连，最多过十七个月左右有一次两个大月相连，绝无三个大月相连，更无两个小月相连的现象。所以，《九道法》所带来的三大月或两个小月相连的现象对习惯守旧的人是难以接受的。这样，张衡、周兴建议采用《九道法》本是当时最合理、最进步的，却未能在这场大讨

中国古代历法是很专门的学问

**唐代二十八宿铜镜**

论中获得通过。这是中国历法史上的一个损失。月行不均匀性的被采入历法又被推迟了半个多世纪，直到刘洪的《乾象历》中才第一次得以正式采用。

三、张衡与浑天仪

赤道经纬仪

张衡所做的浑天仪是一种演示天球星象运动用的表演仪器。它的外部轮廓有球的形象，合于张衡所主张的浑天说，故名之为浑天仪。下面就介绍一下张衡的浑天学说及浑天仪的发明和意义。

## （一）浑天学说

在汉代以前，我国的宇宙理论，大体分为三种，分别是盖天说、宣夜说和浑天说。在这三种学说中，浑天说在我国古代一直占据着主要地位，被认为是正统的官方学说。从汉代开始以后的千余年中长期广泛流行，支配着历代的天文观测和历法的制订。浑天说认为地在天之中，天似蛋壳、地似蛋黄，日月星辰附着在天壳之上，随天周日旋转。为了演说浑象并观测天体方位，西汉耿寿昌发明了浑天仪。东汉中期，张衡在前人制作的基础上，大胆创新，于117年设计并制造了完整的演示浑天说思想的漏水转浑天仪。

## （二）浑天仪究源

浑天仪是浑仪和浑象的总称。浑仪是测量天体球面坐标的一种仪器，而浑象是古代用来演示天象的仪表，它们是我国东汉天文

南京天文台浑仪

浑天仪与地动仪

学家张衡所制的。

浑仪模仿肉眼所见的天球形状，把仪器制成多个同心圆环，整体看犹如一个圆球，然后通过可绕中心旋转的窥管观测天体。浑仪的历史悠久，有人认为西汉落下闳、鲜于妄人、耿寿昌都造过圆仪，东汉贾逵、傅安等在圆仪上加黄道环，改称"黄道铜仪"。早期结构如何已没有记载。而最早有详细结构记载的是东晋史官丞南阳孔挺在光初六年（323年）所造的两重环铜浑仪，这架仪器由六合仪和四游仪组成。到了唐贞观七年（633年），李淳风增加了三级仪，把两重环改为三重仪，成为一架比较完备的浑仪，称为"浑天黄道仪"。

博物馆内的浑仪

唐朝以后所造的浑仪，基本上与李淳风的浑仪相似，只是圆环或零部件有所增减而已。随着浑仪环数的增加，观测时遮蔽的天区越来越多，因此，从北宋开始简化浑仪，到了元朝郭守敬则对浑仪进行彻底改革，创制出简仪。

浑象的构造是一个大圆球上刻画或镶嵌星宿、赤道、黄道、恒稳圈、恒显圈等，类似现今的天球仪。浑象又有两种形式，一种形式是在天球外围——地平圈，以象征地。天球转动时，球内的地仍然不动。现代著作中把这种地在天内的浑象专称为"浑天象"。通常认为浑象最初是由西汉耿寿昌创制。东汉张衡的浑象是他设计的漏水转浑天仪的演

浑天仪

示部分。以后，天文学家还多次制造过浑象，并且和水力机械联系在一起，以取得和天球周日运动同步的效果。唐代的一行和梁令瓒，宋代苏颂和韩公廉等人，把浑象和自动极时装置结合起来，发展成为世界上最早的天文钟。

## （三）浑天仪的发明

浑天仪在《晋书·天文志》中有三处记载。

一处是在"天体"节中，其中引到晋代科学家葛洪的话说："张平子既作铜浑天仪，于密室中以漏水转之，令伺之者闭户而唱之。

其伺之者以告灵台之观天者曰：璇玑所加，
某星始见，某星已中，某星今没，皆如合符也。"
在"仪象"一节中又有一段更具体的细节描写：
"张衡又制浑象。具内外规，南北极，黄赤
道。列二十四气，二十八宿，中外星官及日、
月、五纬。以漏水转之于殿上室内。星中、出、
没与天相应。因其关戾，又转瑞轮蓂荚于阶
下，随月盈虚，依历开落。"这里又称为浑象，
这是早期对仪器定名不规范的反映，并不表
示与浑天仪是两件不同的仪器。第三处则在
"仪象"体之末，说到张衡浑天仪的大小："古
旧浑象以二分为一度，凡周七尺三寸半分也。
张衡更制，以四分为一度，凡周一丈四尺六

玑衡抚辰仪

张衡与浑天仪

寸一分。"

从这三段记载可知，张衡的浑天仪，其主体与现今的天球仪相仿。不过张衡的天球上画的是他所定名的 444 官 2500 颗星。浑天仪的黄、赤道上都画上了二十四气。贯穿浑天仪的南、北极，有一根可转动的极轴。在天球外围正中，应当有一条水平的环，表示地平。还应有一对夹着南、北极轴而又与水平环相垂直的子午双环，双环正中就是观测地的子午线。天球转动时，球上星体有的露出地平环之上，就是星出；有的正过子午线，就是星中；而没入地平环之下的星就是星没。天球上有一部分星星永远在地平环上转动而不会落入其下。这部分天区的极限是一个以北极为圆心，当地纬度为半径的小圆，当时称之为内规。仿此，有一以南极为中心，当地纬度为半径的小圆，称之为外规。外规以内的天区永远不会升到地平环之上。

张衡天球上还有日、月、五星。这七个天体除了有和天球一道东升西落的周日转动之外，还有各自在恒星星空背景上复杂的运动。要模拟出这些复杂的运动远不是古代的机械技术所能做到的。因此，应该认为它们

天体仪

浑仪

只是一种缀附在天球上而又随时可以用手加以移动的一种附加物。移动的目的就是使日、月、五星在星空背景上的位置和真正的位置相适应。

张衡的瑞轮蓂荚更是一件前所未有的机械装置。所谓蓂荚是一种神话中的植物，据说长在尧帝的居室阶下。随着新月的出现，一天长一个荚，到满月时长到十五个荚。过了月圆之后，就一天掉一个荚。这样，数一数荚数就可以知道今天是在一个朔望月中的哪一天和这天的月相了。这个神话曲折地反映了尧帝时天文历法的进步。张衡的机械装

天体仪

置就是在这个神话的启发下发明的。所谓"随月盈虚，依历开落"，其作用就相当于现今钟表中的日期显示。

遗憾的是，关于张衡浑天仪中的动力和传动装置的具体情况，史书没有留下记载。张衡写的有关浑天仪的文章也只留存片断。这片断中也没有提及动力和传动装置问题。近几十年来，人们曾运用现代机械科技知识对这个装置作了一些探讨。最初，人们曾认为是由一个水轮带动一组齿轮系统构成。但因有记载明言浑天仪是"以漏水转之"，而又有记载明言这漏水又是流入一把承水壶中以计量时间的。因此，就不能把这漏水再用来推动原动水轮。所以，原动水轮加齿轮传动系统的方案近年来受到了怀疑。最近有人提出了一种完全不同的设计。他们把漏壶中的浮子用绳索绕过天球极轴，和一个平衡重锤相连。当漏壶受水时壶中水量增加，浮子上升，绳索另一头的平衡锤下降。这时绳索牵动天球极轴，产生转动。此种结构比水轮带动齿轮系的结构更为合理。主要有以下三个原因：

(1) 张衡时代的齿轮构造尚相当粗糙，

**地平经纬仪**

浑天仪与地动仪

简仪

难以满足张衡浑天仪的精度要求。

(2) 这个齿轮系必含有相当数量的齿轮，而齿轮越多，带动齿轮旋转的动力就必须越大。漏壶细小缓慢的水流量就越难以驱动这

极限仪

个系统。

(3) 更关键的是前面已提到的漏壶流水无法既推动仪器，又用于显示时刻。而浮子控制的绳索传动就可避开上述三大困难。人们已就此设想做过小型的模拟实验。用一个直径为 6.5 厘米、高 3.5 厘米的圆柱形浮子和一块 27 克重的平衡重锤，就可通过绳索带动质量为 1040 克的旋转轴体作比较均匀的转动。其不均匀的跃动在一昼夜中不过数次，且跃动范围多在 2°以下，这种误差在古代的条件下是可以允许的。因此，看来浮

浑仪

子—平衡重锤—绳索系统比原动水轮—齿轮系统的合理性要大一些。不过，张衡的仪器是个直径达 1 米以上的铜制大物。目前的小型实验尚不足以保证在张衡的仪器情况下也能成功，还有待更进一步的条件极相近的模拟实验才能作出更可信的结论。

　　不管张衡的动力和传动系统的实情究竟如何，总之，他是用一个机械系统来实现一种与自然界的天球旋转相同步的机械运动。这种作法本身在中国是史无前例的。由此开始，我们诞生了一个制造水运仪象的传统，它力图用机械运动来精确地反映天球的周日转动。而直到 20 世纪下半叶原子钟发明和采用之前，一切机械钟表都是以地球自转，亦即天球的周日转动为基础的。所以，中国的水运仪象传统乃是后世机械钟表的肇始。诚然，在公元前 4 世纪到公元前 1 世纪的希腊化时代，西方也出现过一种浮子升降钟，它的结构和最近人们所设想的浮子—平衡锤—绳索系统浑天仪相仿，不过其中所带动的不是一架天球仪，而是一块平面星图。可是在随后的罗马时代和黑暗的中世纪，浮子升降钟的传统完全中断进而消失。所以，中国的水运仪象传统对后世机械钟表的发展具有极其重要的意义。而这个传统的创始者张衡的功绩自然也是不可磨灭的。

从当时人的描述来看，张衡浑天仪能和自然界的天球的转动配合得丝丝入扣，"皆如合符"，可见浑天仪的转动速度的稳定性相当高。而浑天仪是以刻漏的运行为基础的，由此可以知道，张衡的刻漏技术也很高明。

刻漏是我国古代最重要的计时仪器。目前传世的三件西汉时代的刻漏，都是所谓"泄水型沉箭式单漏"。这种刻漏只有一只圆柱

**张衡及其发明的仪器**

浑天仪与地动仪

形盛水容器。器底部伸出一根小管，向外滴水。容器内水面不断降低。浮在水面的箭舟（即浮子）所托着的刻箭也逐渐下降。刻箭穿过容器盖上的孔，向外伸出，从孔沿即可读得时刻读数。这种刻漏的计时准确性主要决定于漏水滴出的速度是否均匀，而滴水速度则与管口的水压成正比变化，即随着水的滴失，容器内水面越来越降低，水的滴出速度也会越来越慢。为了提高刻漏运行的均匀性和准确性，古人想了两步对策。第一步是把泄水型沉箭式改为蓄水型浮箭式，即把刻漏滴出的

刻漏

水收到另一个圆柱形容器内，把箭舟和刻箭都放在这个蓄水容器内，积水逐渐增多，箭舟托着刻箭逐渐上升，由此来求得时刻读数。第二步则是在滴水器之上再加一具滴水器。上面的滴水器滴出的水补充下面滴失的水，这样，可使下面的滴水器水面的下降大大延缓，从而使下面的滴水器出水速度的稳定性得到提高。这样的刻漏称为二级刻漏。如果按这一思路类推，可以在二级刻漏之上再加一级，则刻漏运行的稳定性又可提高。这就成了三级刻漏，如此等等。大概在隋唐以后，中国发展出了四级和四级以上的刻漏。不过，从单漏到二级漏这关键的一步究竟发生在什么时代，在张衡以前的文献和考古实物中都没有提供明确的资料。

不过在一篇题为《张衡漏水转浑天仪制》的文章中描述了张衡所用的刻漏是一组二级刻漏。这篇文章当是张衡或其同时代人的作品，原文已失，现只在唐初的《初学记》卷二十五中留有几段残文。文如下："以铜为器，再叠差置。实以清水，下各开孔。以玉虬吐漏水入两壶，右为夜，左为昼""（盖上又）铸金铜仙人，居左壶；为金胥徒，居右壶""以

现存最古老的三只刻漏实物（图）之一

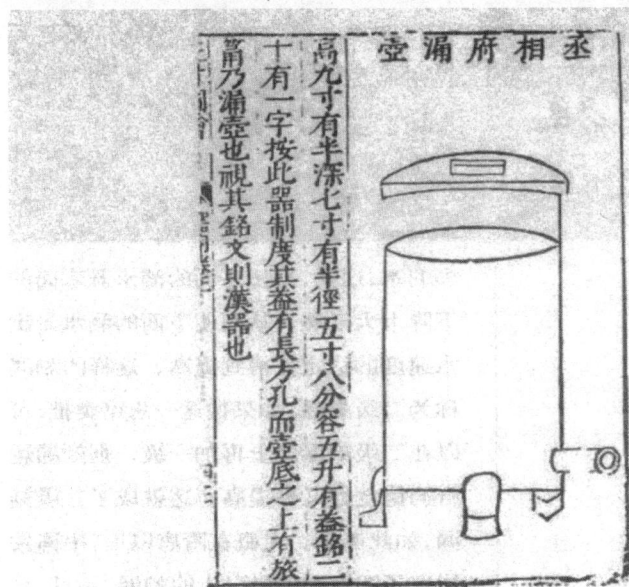

**铜刻漏计时牌**

左手把箭，右手指刻，以辨别天时早晚"。其中所谓叠置当是指两具刻漏上下放置；所谓差置是指上下两具容器放置得不相重而有所错开；所谓再叠差置当是指有三层容器错开叠放。至于下面的蓄水壶又分左、右两把，那是因为古代的时刻制度夜间和白天有所不同，所以张衡干脆就用两把。同时，这样也便于刻漏的连续运行。

浑天仪与地动仪

比较完整的传世刻漏

因刻漏冬天水易结冰，故改
用流沙驱动

张衡与浑天仪

浑仪

《张衡漏水转浑天仪制》是目前所知第一篇记载了多级刻漏的文献。由此我们可以推断，正是张衡作出了从泄水型沉箭漏到蓄水型浮箭漏和从单漏到多级漏这样两步重大的飞跃。

张衡在创作了浑天仪之后曾写过一篇文章，此文全文已佚，只是在梁代刘昭注《后汉书·律历志》时作了大段引述而使之传世。刘昭注中把这段文字标题为《张衡浑仪》，称之为"浑仪"可能是刘昭所作的一种简化。在古代，仪器的定名并不严格。虽然后世将"浑仪"一词规范为专指观测仪器，但在隋、唐以前，"浑仪"也可用于表演仪器。刘昭所引此文与前面提到的《张衡漏水转浑天仪制》是否原属一篇文章，此事也已无可考。不过从二者标题文字相差甚大这一点来说，说是两篇文章也是有理由的。不管这事究竟如何，单说刘昭所引，近人已有证明，它应是张衡原作。

我们考查刘昭所引的这一段文字大约有三个内容。第一部分讲浑天学说和浑天仪中天极、赤道和黄道三者相互关系及彼此相去度数。第二部分讲所谓黄赤道差的求法和这种差数的变化规律，这是这一残文中的最多篇幅部分。第三部分讲黄道二十八宿距度以及冬、夏至点的黄道位置。仔细研究这篇残文可以得到两点重要信息。

其一，文中介绍了在天球仪上直接比量以求取黄道度数的办法：用一根竹篾，穿在天球两极。篾的长度正与天球半圆周相等。将竹篾从冬至点开始，沿赤道一度一度移动过去，读取竹篾中线所截的黄道度数，将此数与相应的赤道度数相减，即

浑天仪是浑仪和浑象的总称

张衡与浑天仪

053

浑天仪

得该赤道度数 ( 或黄道度数 ) 下的黄赤道差。从这种比量方法可以悟得，中国古代并无像古希腊那样的黄经圈概念。中国古代的黄道度数实际是以赤经圈为标准，截取黄道上的弧段而得。这种以赤极为基本点所求得的黄经度数，今人名之为"伪黄经""极黄经" ( 实际当名为"赤极黄经" ) 等等。对于像太阳这样在黄道上运动的天体，其伪黄经度数和真正的黄经度数是相等的。而对黄道之外的天体，则二者是有区别的 ( 除了正好在二至圈，即过冬、夏至点及赤极、黄极的大圆上的点之外），距黄道越远，差别越大。

其二，文中给出了所谓黄赤道差的变化规律。将赤道均分为二十四等分。用上述方法求取每一分段相当的黄道度数。此度数与相应赤道度数的差即所谓黄赤道差。这是中国古代所求得的第一个黄赤道差规律。黄赤道差后来在中国历法计算中起了很重要的作用，作为首创者的张衡，其贡献也是不可磨灭的。

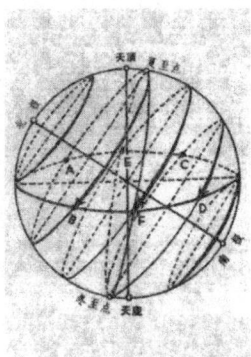

地球赤道图

除了刘昭所引的这段文字之外，在《晋书》和《隋书》的"天文志"里所引述的葛洪的话中转引了一段题为《浑天仪注》的文字；在唐代《开元占经》第一卷里编有一段题为《张衡浑仪注》和一段题为《张衡浑仪图注》的文字。把这三段文字和刘昭所引的《浑仪》一文相比较后可以知道，葛洪所引的《浑天仪注》这段文字不见于刘昭所引，而见于《张衡浑仪注》中。《张衡浑仪注》的剩余部分和《张衡浑仪图注》即是刘昭所引文字的分割，但又有所增删。除此之外，在《开元占经》卷二十六"填星占"中还有三小段题为《浑仪》的文字；卷六十五的"天市垣占"下小注中有题为《张衡浑仪》的文字一句。这四段文字也不见于刘昭所引。总括上述情况，可以得出两点结论：其一，刘昭所引只是张衡《浑仪》一文的节选，张衡原文的内容更为丰富一些，但丰富到何种程度，现已无可考。且自《隋书经籍志》以来的目录著作中，对《浑仪》（或《浑天仪》）一文从来只标注为"一卷"。因此，想来不会有惊人的数量出入。其二，张衡《浑仪》一文确曾被人作过注，还补过图注。注和图注大概不是一人所注，且大概不是张衡本人所加，否则就不会有单独的《浑仪》一文的存在了。

　　这几段与《浑仪》有关的文字中，当代

**夜空下的浑天仪与繁星**

浑天仪与地动仪

浑天仪装饰品

研究家最关心的是葛洪所引的《浑天仪注》是否是张衡原作的问题。因为这一段文字素来被现代研究家视作中国古代浑天说的代表作，甚至视其地位犹在《灵宪》之上。过去人们当然把它看做是张衡的作品。但到20世纪70年代末，有人对此提出了全盘的否定。认为所有冠以或不冠以张衡之名的《浑仪》《浑仪注》《浑仪图注》《浑天仪注》等等都是后人的作品。嗣后，又有人对其作了全面的辩驳，维护了传统的观点。这一段争论前后历时长达十二年。现在看来，全面否定

张衡头像

张衡有《浑天仪》一文传世的论点已基本失败，即至少可以肯定，刘昭所引的《浑仪》一文是张衡原作。但否定者仍有其历史贡献，他启发人们去注意古代文献流传中的复杂情况。例如，过去人们并未认识到《浑仪》一文还有行星和恒星等方面的内容。同时，也仍然有理由可以怀疑葛洪所引《浑天仪注》一段是否是张衡原注。因为第一，这一段名之为"注"，而在古代文献中，加不加"注"字是有本质差别的。不加"注"字的是指原文，加"注"字的就有注文。既然有不加注字的《浑

古代浑天仪
仿作模型

天仪》，则加"注"字的《浑天仪注》就不
只是《浑天仪》原文，而且还有注文。第二，
《浑天仪注》的思想就其正确面而言，并不
超出《灵宪》。如果我们把《灵宪》中的地
看做是浮于水面，孤居天中央，远较天为小
的陆地的话，那么这与《浑天仪注》所说的
"地如鸡子中黄，孤居于天内，天大而地小。
天表里有水，天之包地犹壳之裹黄。天地各
乘气而立，载水而浮"等并无矛盾。反之，《浑
天仪注》中认为"北极……出地上三十六度"，
这段话当不可能是注重实际观测的张衡的结

镀金银质浑天仪

浑天仪

浑天仪与地动仪

浑天仪装饰
建筑

论。张衡的诞生地南阳，长期当太史令的地点洛阳，都不会有北极出地三十六度的现象。根据他曾到过全国很多地方的经历来看，张衡也似乎不应有北极出地为固定值的概念。这大概也正是他在《灵宪》一文中未提北极出地数值的原因。有鉴于此，宁可把《浑天仪注》的作者问题作为存疑，而期待今后的研究与发现。

## （四）浑天仪的作用

在 17 世纪发明望远镜以前，浑仪是所有

浑天仪

天文学家测定天体方位的时候都缺少不了的仪器。不过中国的浑仪和古希腊的不同。我国最原始的浑仪可能是由两个圆环组成。一个是固定的赤道环，它的平面和赤道面平行，环面上刻有周天度数。一个是四游环，也叫赤经环，能够绕着极轴旋转，赤经环上也刻有周天度数。在赤经环上附有窥管，窥管可以绕着赤经环的中心旋转。我国古时就用入宿度和去极度来表示天体的位置，战国时期公元前4世纪中叶成书的《石氏星经》中就有这些数据了，这证明那时就已经有浑仪了。

在欧洲，首先系统地观测恒星方位的人是约公元前3世纪上半叶的古希腊天文学家阿里斯提鲁斯和铁木恰里斯，他们比石申约晚六十年，而所用的仪器，现在已经是一无所知了；据托勒玫（约90—168年）《天文学大成》中的叙述，他们用的可能是以黄道坐标为主的浑仪。利用沿赤道量度的大圆弧来表示恒星的位置是很方便的，因为所有恒星的周日运动（就是每天的东升西落）都是平行于赤道进行的；但是对于太阳来说就不合适了，因为太阳在恒星背景上的视运动轨道——黄道——和赤道有

**张衡博物馆内浑天仪**

个二十三度多的交角。为了更方便地测量太阳的位置，东汉中期的傅安和贾逵就又在浑仪上安装了黄道环。可能是张衡又加上地平环和子午环，于是便成了完整的浑仪。《隋书·天文志》中介绍的东晋时候的前赵的孔挺于光初六年（323 年）所作的浑仪是这种仪器结构方面的最早记载。北魏的斛兰于永兴四年（412 年）用铁铸浑仪，在底座上添置了十字水趺，用来校正仪器的水准，这又是一个进步。到唐代初年，由于工艺水平和科学技术的发展，李淳风进一步把浑合仪由两重改变成三重，就是在六合仪和四游仪之

**希腊天文学家托勒密像**

浑天仪与地动仪

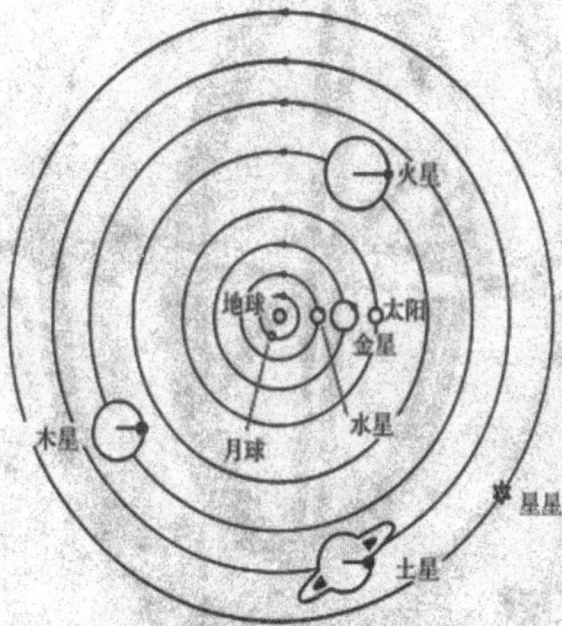

图中标注：火星、地球、太阳、金星、水星、木星、月球、星星、土星

《天文学大成》
中的宇宙图

间再安装一重三辰仪。李淳风把张衡浑仪的外面一层——地平圈、子午圈和赤道圈固定在一起的一层叫做六合仪，因为中国古时把东、西、南、北、上、下这六个方向叫做六合；把里面能够旋转用来观测的四游环连同窥管叫做四游仪。在这两层之间新加的三辰仪是由三个相交的圆环构成的，这三个圆环是黄道环、白道环和赤道环。黄道环用来表示太阳的位置，白道环用来表示月亮的位置，赤道环用来表示恒星的位置。中国古时把日、月、星叫做三辰，所以新增的这一重叫做三辰仪。

三辰仪可以绕着极轴在六合仪里旋转；而观测用的四游仪又可以在三辰仪里旋转。现在保存在南京紫金山天文台的明代正统二年到七年（1437—1442年）间复制的浑仪，基本上就是按照李淳风的办法做的，所不同的是把三辰仪中的白道环取消了，另外加了二分圈和二至圈（过春分、秋分点和冬至、夏至点的赤经圈）。二分圈和二至圈是宋代的苏颂加上去的，白道环是同时代的沈括取消的。沈括取消白道环，是浑仪发展史上的一个转折点，具有重要意义。在沈括以前，往往是增加一个新的重要天文概念，就要在浑仪上增加一个环圈来表现这个概念，仪器发展的方向是不断地复杂化，仪器上的环越来越多。这样就产生了一个缺点：环圈相互交错，遮掩了很大天区，缩小了观测范围，使用起来很不方便。为了克服这个缺点，沈括一方面取消白道环，把仪器简化、分工，再借用数学工具把它们之间的关系联系起来（"当省去月环，其候月之出入，专以历法步之"）；另一方面又提出改变一些环的位置，使它们不挡住视线，他说："旧法黄赤道平设，正当天度，掩蔽人目，不可占察；其后乃别加

辰仪

钻孔，尤为拙谬。今当侧置少偏，使天度出北极之外，自不凌蔽。"（《浑仪议》，见《宋史天文志》）沈括把浑仪发展的方向由综合和复杂化改变为分工和简化，为仪器的发展开辟了新的途径。元代郭守敬于元世祖至元十三年（1276 年）创制的简仪就是在此基础上产生的。简仪不但取消了白道环，而且又取消了黄道环，并且把地平坐标（由地平圈和地平经圈组成）和赤道坐标（由赤道圈和赤经圈组成）分别安装，使除了北天极附近以

辰仪

浑天仪与地动仪

简仪

外，全部天空一望无余，不再有妨碍视线的圆环。简仪的赤道装置是：北高南低的两个支架托着正南北方向的极轴，围绕着极轴旋转的是赤经双环，就是浑仪中的四游仪。赤经双环的两面刻着周天度数，中间夹着窥管，窥管可以绕着赤经双环的中心旋转。窥管两端架有十字线，这便是后世望远镜中十字丝

**简仪是根据浑仪简化而来的**

的祖先。这样，只要转动赤经双环和窥管，就可以观测空中任何方位的一个天体，并且从环面的刻度上读出天体的去极度数。把去极度数乘以360/365.25，再用90°减去这个乘积，就得到现代用的赤纬值。

# 四、张衡与地动仪

张衡发明的地动仪

候风地动仪是汉代科学家张衡的又一传世杰作。在张衡所处的东汉时代，地震比较频繁，地震区有时大到几十个郡，引起地裂山崩、江河泛滥、房屋倒塌，造成了巨大的损失。而且张衡对地震也有不少亲身体验。为了掌握全国地震动态，他经过长年研究，终于在阳嘉元年(132年)发明了候风地动仪，这是世界上第一架地动仪。

## （一）地动仪的工作原理

地动仪用精铜制成，圆经八尺，合盖隆起，形似酒樽。表面作金黄色，上部铸有八条金龙，分别伏在东、西、南、北及东北、东南、西北、西南八个方向。龙倒伏，龙首向下，龙嘴各衔一颗小铜球，与地上仰蹲张嘴的蟾蜍相对。地动仪空腔中央，立一根铜柱，上粗下细。铜柱周围有八根横杆，称为"八道"，各与一龙头相连。铜柱是震摆装置，八道用来控制和传导铜柱运动的方向。在地动仪受到地震波冲击时，铜柱就倒向发生地震的方向，推动同一方向的横杆和龙头，使龙嘴张开，铜球下落到蟾蜍嘴中，并发出响声，以提示人们注意发生了地震及地震的时间和方向。一颗珠子放在平台上，如果将哪方稍微往下一按，珠子就向哪方滚动。又如我们点亮一枝蜡烛，将它放在一张不平的桌子上，它总会向低的一方倒。地动仪就是根据这些简单的原理设计的。地动可以传到很远的地方，只不过太远了人就感觉不到了，但地动仪能准确地测到。

### （二）地动仪的结构模型

关于地动仪的结构，目前流行的有两个版本：王振铎模型（1951 年），即"都柱"是一个类似倒置酒瓶状的圆柱体，控制龙口的机关在"都柱"周围。这一种模型最近已被基本否定。另一种模型由地震局冯锐（2005年）提出，即"都柱"是悬垂摆，摆下方有一个小球，球位于"米"字形滑道交汇处（即《后汉书·张衡传》中所说的"关"），地震时，"都柱"拨动小球，小球击发控制龙口的机关，使龙口张开。另外，冯锐模型还把蛤蟆由面向樽体改为背向樽体并充当仪器的脚。该模型经模拟测试，结果与历史记载吻合。

地动仪

### （三）地动仪发明探索

除了浑天仪外，张衡在世界科学史上另

张衡与地动仪

**地动仪上精美的雕刻**

一个不朽的创造发明——地动仪，就是在他第二次担任太史令期间研制成功的。发明于阳嘉元年（132 年）的地动仪，是世界上第一台测定地震及其方位的仪器。地动仪的发明，在人类同地震作斗争的历史上，写下了光辉的一页，从此，开始了人类使用仪器观测地震的历史。

我国是一个地震比较多的国家。几千年来，我们的祖先一直在顽强地同地震灾害作斗争。早在三千八百多年前，我国便已经有了关于地震的记载。晋代出土的《竹书纪年》中记载，虞舜时"地坼（裂）及泉"，可能就是指的地震；最明确的报道，是夏代帝发

地动仪

张衡墓前的石兽

张衡博物馆院内地动仪模型

七年（约公元前 1590 年）的"泰山震"，这是世界上最早的地震记录；公元前 3 世纪的《吕氏春秋》里记载了"周文王立国八年（公元前 1177 年），岁六月，文王寝疾五日，而地动东西南北，不出国郊"，这一记载明确指出了地震发生的时间和范围，是我国地震记录中具体可靠的最早记载。此外，在《春秋》《国语》和《左传》等先秦古籍中都有关于地震的记述，保存了不少古老的地震记录。从西汉开始，地震就被作为灾异记入各断代史的"五行志"中了。

东汉时期，我国地震比较频繁。据《后汉书·五行志》记载，自和帝永元四年（92 年）到安帝延光四年（125 年）的三十多年间，共发生了二十六次比较大的地震。汉安帝元初六年（119 年），就曾发生过两次大地震，第一次是发生在二月间，京师洛阳和其他四十二个郡国地区都受到影响，有的地方地面陷裂，有的地方地下涌出洪水，有的地方城郭房屋倒塌，死伤了很多人；第二次是在冬天，地震的范围波及八个郡国的广大地区，造成了生命和财产的巨大损失。当时人们由于缺乏科学知识，对于地震极为惧怕，都以为是神灵主宰。

张衡当时正在洛阳任太史令，对于那许多次地震，他有不少亲身经验。张衡多次目睹震后的惨状，痛心不已。为了掌握全国的地震动态，他记录了所有地方上发生地震的报告，在他已有的天文学基础上，经过长年孜孜不倦的探索研究，终于在他50岁的时候（132年），发明了世界上第一架用于测定地震方向的地动仪。

据《后汉书·张衡》记载，地动仪是用青铜铸成的，形状很像一个大酒樽，圆径有八尺。仪器的顶上有凸起的盖子，仪器的表面刻有各种篆文、山、龟、鸟兽等花纹。仪器的周围镶着八条龙，龙头是朝东、南、西、北、东北、东南、西北、西南八个方向排列的，每个龙嘴里都衔着一枚铜球。每个龙头的下方都蹲着一只铜铸的蟾蜍，蟾蜍对准龙嘴张开嘴巴，像等候吞食食物一样。哪个地方发生了地震，传来地震的震波，哪个方向的龙嘴里的铜球就会滚出来，落到下面的蟾蜍嘴里，发出激扬的响声。看守地动仪的人听到声音来检视地动仪，看哪个方向龙嘴的铜球吐落了，就可以知道地震发生的时间和方向。

复原的地动仪

张衡与地动仪

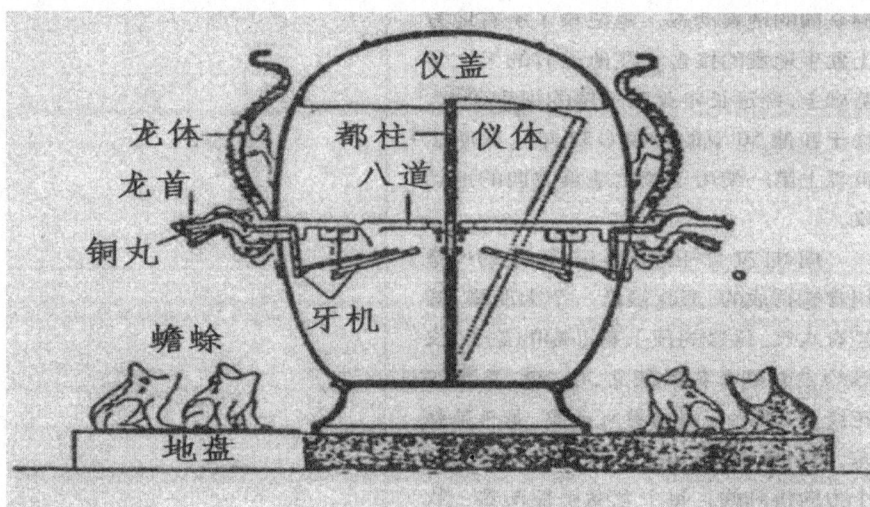

图中标注：仪盖、龙体、都柱、仪体、龙首、八道、铜丸、牙机、蟾蜍、地盘

张衡地动仪还
原解析

这样一方面可以记录下准确的地震材料；同时也可以沿地震的方向，寻找受灾地区，做一些抢救工作，以减少损失。

汉顺帝永和三年（138年）二月三日，安放在京城洛阳的地动仪正对着西方的龙嘴突然张开，一个铜球从龙嘴中吐出，掉在蟾蜍口中。可当时在京城洛阳的人们对地震没有丝毫感觉，于是人们议论纷纷，怀疑地动仪不灵验；那些本来就不相信张衡的官僚、学者乘机攻击张衡是吹牛。可是没隔几天，陇西（今甘肃省东南部）便有人飞马来报，说当地前几天突然发生了地震。于是人们对张衡创制的地动仪"皆服其妙"。陇西距洛阳有一千多里，地动仪标示无误，说明它的测震灵敏度是相当高的。据《张衡传》所记洛阳人没有震感的情况来分析，地动仪可以测出的最低地震裂度是 3 度左右（按我国 12 度地震烈度表计），在一千八百多年前的技术条件下，这可以说是一项非常伟大的成就。

张衡的地动仪创造成功了，历史上出现了第一架记录地震的科学仪器。在国外，过了一千多年，直到 13 世纪，古波斯才有类似仪器在马拉哈天文台出现；而欧洲最早的地震仪则是出现在地动仪发明一千七百多年以后了。

然而，由于封建王朝的统治者对于科学技术上的发明创造素来不加重视，所以张衡在地震方面的研究和发明，得不到他们的支

地动仪

张衡与地动仪

九
机
道

柱
关

地动仪部图

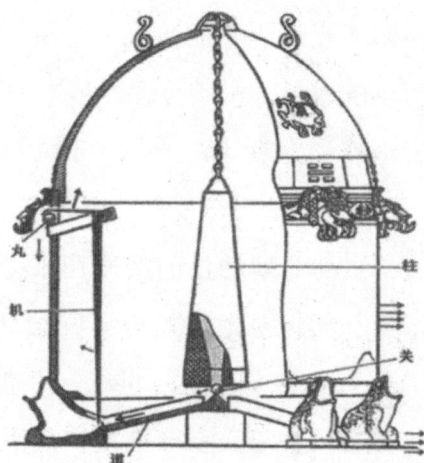

持。地动仪创造出来以后，不仅没有得到广泛的推广使用，就连地动仪本身也不知在什么时候毁失了，这实在是科学技术史上的一大损失。

张衡地动仪的内部结构原理，史书上的记载非常简略，使人无法详知，这是很令人遗憾的。在张衡以后，我国历史上有几位科学家对于地动仪有过专门的研究。例如南北朝时的河间（今河北省河间县）人信都芳曾经把浑天、欹器、地动、铜乌、漏刻、候风等机巧仪器的构造，用图画绘写出来，并且加以数学的演算和文字的说明，并把这些资

**地动仪储茶罐**

料编成一部名叫《器准》的科技名著；隋朝初年的临孝恭也写过一本《地动铜仪经》的著作，对地动仪的机械原理，作了一些说明。但是这些重要著作，也没有能够留传下来。近代中外科学家做了不少研究工作，提出了一些复原方案。1959年，中国历史博物馆展出了王振铎复原的张衡地动仪模型。但是在准确测定地震方向的问题上，王振铎的模型和《后汉书·张衡传》中的记载仍有出入。

张衡地动仪的内部机械的具体构造，虽然早已失传了，可是近年来我国的科学技术工作者，凭借他们所掌握的现代科学知识，

张衡画像

依据《后汉书·张衡传》的有关记载，参照考古资料，经过多方面的探索，终于考证推论出一千八百多年前张衡制造的地动仪的机构原理，并且设计了这座仪器的想象图。

《后汉书·张衡传》中所载地动仪"中有都柱，傍行八道，施关发机"，这是地动仪的主要结构。根据许多学者的反复研究，张衡地动仪的基本构造符合物理学的原理，它同近代地震仪一样，是利用物体力学的惯性来拾取大地震动波，从而进行远距离测量的。这个原理到现在也仍在沿用。王振铎先生推断出这座仪器是由两部分组成：一部分是竖立在仪器樽形部位中央的一根很重的铜柱，铜柱底尖、上大，相当于表达惯性运动的摆，张衡叫它"都柱"；另一部分是设在"都柱"周围和仪器主体相连接的八个方向的八组杠杆机械（即在都柱四周围连接八根杆子，杆子按四面八方伸出，直接和八个龙头相衔接）。这八根杆子就是《后汉书·张衡传》中的"傍行八道"，也就是今天机械学上所说的"曲横杆"。这两部分都设置在一座密闭的铜体仪中央。但因为"都柱"上粗下细，重心高，支面小，像个倒立的不倒翁，这样便极易受震动（即使是微弱的震动）而倾倒。遇到地震时仪体随之震动，只有"都柱"由于本身的惯性而和仪体发生相对的位移，失去平衡而倾斜，推开一组杠杆，使这组杠杆和仪体外部相连的龙嘴张开，吐出铜球，掉在下面的蟾蜍口中，通过击落的声响和铜球掉落的方向，来报告地震和记录地震的方向。

张衡设计的地动仪，也是他的唯物主义自然学说的形象体现。地动仪的仪体似卵形，直径和浑象同样大，象征浑天说的天。立有都柱的仪器平底，表示大地，在天之内。仪体上雕刻的山、龟、鸟、兽象征山峦和青龙、白虎、云雀、玄武二十八宿。乾、坤、震、巽、

地动仪也是唯物主义自然学说的体现

张衡与地动仪

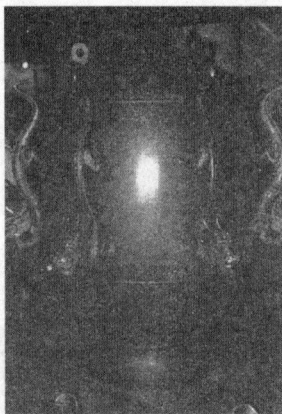
地动仪

坎、离、艮、兑等八卦篆文表示八方之气。八龙在上象征阳，蟾蜍在下象征阴，构成阴阳、上下、动静的辩证关系。都柱居于顶天立地的地位，是按照古代"天柱"的说法作的布局，而其中的机关自然是采用了杠杆结构。

张衡的这一卓越发明，不仅体现了科学家的智慧和创造精神，而且也反映了我国东汉时期的先进科学文化水平，这是令我们感到无比骄傲的。

除了地动仪外，张衡还创造了另一个气象学上的仪器，这就是候风仪。以前许多人以为"候风仪"和"地动仪"是同一种仪器，据最近科学家的研究，这种说法是错误的。《后汉书·张衡传》里"阳嘉元年，复造候风、地动仪"这句话，是说张衡在当年同时创造了候风仪和地动仪两个仪器。不过《后汉书张衡传》中没有记载候风仪的构造。现在我们把有关候风仪的情况介绍一下。

竺可桢先生在《中国过去气象学上的成就》一文里写道："在气象仪器方面，雨量器和风信器都是中国人的发明，算年代要比西洋早得多。《后汉书张衡传》：'阳嘉元年，复造候风、地动仪。'《后汉书》单说到地动仪的结构,没有一个字提到候风仪是如何样子的,因此有人疑心以为候风、地动仪是一件仪器,其实不然。《三辅黄图》是后汉或魏晋人所著的。书中说:'长安宫南有灵台,高十五仞,上有浑仪,张衡所制;又有相风铜乌,遇风乃动。'明明是说相风铜乌是另一种仪器,其制法在《汉书》上虽然说得不详细,但是根据《观象玩占》书里所说:'凡候风必于高平远畅之地。立五丈竿,于竿者作盘,上作三足乌,两足连上外立,一足系下内转,风来则转,回首向之,乌口衔花,花施则占之。'即可以知道张衡的候风铜乌

候风地动仪

张衡与地动仪

候风仪

和西洋屋顶上的候风鸡是相类似的。西洋的候风鸡到12世纪的时候始见之于载籍，要比张衡候风铜乌的记载迟到1000年。"

除竺可桢先生的论证之外，另外还有三项有关候风仪的资料。1.《后汉书·百官志》中注载太史令的属官有灵台特诏四十二人，其中有三人是专管"候风"这一项职务的。因此可知制造候风仪，观测气象，是张衡做太史令时职务范围以内的事情。2.《西京杂记》中载皇帝仪仗队里有"相风乌车"一项。依此我们可以推知"相风乌"这种仪器，不仅安置在灵台上，同时也可以装置在车辆上面。候风仪的发明可能是在张衡之前，张衡制造的候风仪虽然有所改进，但已不是特别突出的新发明，因而史籍也就不详细记叙了。3.北魏时信都芳所著《器准》一书，把地动、候风、铜乌并列做三项；隋代临孝恭所著的《地动铜仪经》，不带"候风"二字。因此，我们一方面可以推想铜乌和候风这两个器物的构造可能是不完全相同的；另一方面，也可以认为地动仪和候风仪是两种完全不同的仪器。

张衡在创造地动仪以外，制造了候风仪，

是可以肯定的。通过这些论证，也可以窥见我国两汉时代在气象仪器上的创造和应用方面的部分情况；同时又证明张衡对职务认真负责，并能在科学研究上结合实际，善于学习前人的科学经验而有所创新改进，是我国科学史上的伟大先驱者。

## （四）地动仪消失之谜

两汉时期是中国历史上的灾害群发期之一，张衡就生活在这个天灾频仍的不幸年代，在水、旱、蝗、冰、震等多种灾害中，他经历过多次地震。在他 27 岁至 47 岁的 20 年中，地震几乎每年都要发生一次。

张衡追寻天文地理奥秘的科技生涯中，还有着很高的文学造诣，这位太史令善作赋、善于谋划行政方略。但是在张衡年表中，128 之后的 4 年里，每年都是空白，什么政策与文化方面的印记都没有留下，却突然在 132 年造出了地动仪，"这说明，张衡在这 4 年的时间里，专心致志地在造他的地动仪"，用了几年时间复原张衡地动仪的冯锐如是说。

候风仪的消失成为了不解之谜

1. 地震与国运——妖言致祸

张衡任太史令时，曾多次议朝纲说地震。

张衡与地动仪

张衡蜡像

在他的地动仪刚刚安置在洛阳灵台，与几年来一直在这里执行任务的浑天仪一同站岗不到一年时，133年6月18日京师发生了地震，张衡上书《阳嘉二年京师地震对策》，他说："妖星见于上，震裂著于下，天诫祥矣，可为寒心。今既见矣，修政恐惧，则转祸为福。"这份上书果然立竿见影，19岁的顺帝刘保受天诫观的控制，于震后第二天发布了地震"罪己诏"，而太尉庞参和司空王龚"以地震策免"。"天人感应"的传统观念在地震年代为政治倾轧准备了充足的借口。于是，历史在张衡地动仪问世前后的这段时间内有过133年、134年"以地震免"三公（司徒、太尉、司空）中二人的记载，而且这也是开

中国历史之先河的"以地震"撤免朝廷最高长官事件。

陇西地震是张衡地动仪第一次工作验出的地震，时间是 134 年 12 月 13 日，这么短的时间里又发生地震，说明君侧仍有忤逆之人，于是顺帝直接问张衡谁是天下最令人痛恨的人？这次根据张衡"天诫祥矣"的观点，司徒刘琦和司空孔扶二人成了第二批"以地震免"的高官。孔扶是孔圣人的第十九世孙，出身中国最古老的世家，他的先人被中国历代君王奉若神明。

地动仪的出现，使地震年代的政治变得如此复杂，以至于震后升职的官员同样命运多舛，以张衡来说，他升至侍中，被顺帝问及谁是天下最可恨的人时，满朝文武宦官都怕他说自己的坏话，最终导致"阉竖恐终为其患，遂共谗之"。134 年 12 月 13 日陇西地震以后，张衡和他的地动仪被群起而攻之，官场矛盾在地震的年代异常激烈起来，借地震之事诛异己者成了顺帝时期的朝廷潜规则，张衡本人也成了地震的直接受害者。由于地震的频发，东汉朝廷的这项政治游戏一直玩到东汉灭亡才结束。

**河间风光**

浑天仪与地动仪

河间自然景色

早在东汉结束前，张衡已经无法解释地震与国运的关系了，他的地动仪成为一颗犯了众怒且"惧其毁已"的煞星，他本人也因"妖言"过多不复是顺帝的心腹而成为众矢之的。于是，他先是请辞，后又被派到荒无人烟的河间（今河北省沧州）为相。这段凄惶晚景记录在他的文学作品中，《怨篇》《四愁诗》《髑髅赋》《冢赋》《归田赋》全部是悲不堪言的笔述。此后的136年2月、137年5月—7月、138年2月—6月和139年4月发生多次地震，但史料中却不再有地动仪工作的记录。地动仪随着张衡政治地位不再，受重视程度一落千丈，甚至被人为地摒弃了。

张衡感觉到了自己的垂暮时分，他想回

张衡博物馆一景

家了，于是上书给顺帝"乞骸骨"，在139年回到京城洛阳时，降为尚书，他有没有应征，没有详细记载。有记载的是，张衡是在这一年去世的，去世后安葬于他的家乡南阳以北25公里的石桥镇。张衡的家乡至今还在无声地提醒途经南阳的外地人，最好放轻脚步，以免打扰了地下的各位有灵神明——南阳市的道路命名，经常以当地著名历史人物来提醒人们，这里曾经有过张衡、诸葛亮、张仲景、姜子牙、岑参、张释之、范蠡、汉光武帝，他们中有些人不仅生于斯、工作学习于斯，还长眠于斯。

2. 失传——不科学还是毁于战火？

奥地利宗教学者雷立柏，认为中国人对

张衡地动仪的情绪是一种宗教式的崇拜，在他看来，地动仪失传了，就说明它不科学、不实用，没有不失传的道理。

即便现在已经搞清了张衡地动仪工作的科学原理，以及存在价值，但是它的失传仍是一个谜。数种学说，都有各自的文献依据。

考古学家王振铎认为地动仪消失于307年—312年西晋永嘉之乱。冯锐分析认为还要早，"估计在东汉末年，恐不会超过魏文帝曹丕登基的221年"。

还有一种考证来自185年—190年灵台和洛阳的多次大火。洛阳城在经历了顺帝时期的地震频发后，到了桓帝又开始了接连不断的火灾，较大的一次火灾是黄巾军起义后的185年3月28日，南宫云台燃起烈火，这把火烧了半个多月。

又过了几年，发生了一场最大的火祸，190年，董卓驱赶天子和京师百万人迁都长安，他的军队在洛阳城烧杀抢掠持续一年两个月。此次主要以"尽焚宫室""焚洛阳官庙及人家""宫室烧尽"为主。到了汉献帝196年8月返回洛阳时，故都焚尽，第二个月他就奔了许昌降魏，东汉灭亡。

南阳张衡博物馆陈列的计里鼓车

张衡与地动仪

医圣张仲景的
雕像

考古发现，洛阳出土的大批青铜器具铸自黄巾军之后，而190年的董卓烧毁旧京洛阳城之时，出土的铜钱有着突出的特点：方孔极大，成了历史上最大的圆内切四边形，钱又极薄。生活于这一时期的医圣、张衡的南阳同乡张仲景在《伤寒论》中说，196年以后的10年之内，亲见族人死去三分之二，黄河流域已经几成无人区。这种民不聊生的年代，毁铜铸钱不足为奇。

张衡地动仪是中国科技史的光荣，也是一个朝代的噩梦，这个朝代毁灭之后，它也不知所踪。

## （五）地动仪——科学还是伪科学

一直以来，中国国家博物馆陈列的张衡地动仪被很多中国人看做是张衡的原作。然而，事实却是张衡在东汉末年制作的这一科学仪器至今还没有出土文物。作为中国地震局的标志、中国人民邮政的邮票、中学教科书上的内容、国礼用品，王振铎于 1951 年复原的张衡地动仪早已深入人心并在对外交流贫乏的年代成为中国人根深蒂固的民族骄傲。

故而，在上世纪 60 年代，随着不断深入的国际学术交流，这个模型的偏谬和失误不断暴露出来，批评与否定渐趋

南阳张衡博物馆展览厅展出的地动仪模型

张衡与地动仪

墨玉地动仪

激烈。1969 年以来，中、日、美、荷、奥等国学术界发表了一系列的措辞严厉的论文，对模型进行了质疑和批评。这些颠覆性的观点促使中国的科学家重新认识和复原张衡地动仪。

1. 西方人的批评

冯锐是 20 世纪 80 年代初在加拿大和美国学习工作过的改革开放后第一批海归、从事地震研究四十余年的学者、中国地震局地球物理研究所的研究员。2003 年的夏天，他在国家图书馆大厅一进门右手旁边的国图书店里发现了一本名为《张衡：科学与宗教》这部发行量并不大的哲学专书，他才了解到在国际地震学领域围绕着中国地震学鼻祖、东汉科学家张衡的争论，竟然如此繁多、尖锐。

《张衡：科学与宗教》一书的作者奥地利人雷立柏曾是北大哲学系的博士，后在中国社科院访学。雷立柏在书中说道："张衡的地动仪是华夏科学停滞特点的典型表现。"以及："《后汉书》的记载不一定是可靠的。"冯锐感到在这个夏天，最迫切的事情是要找到雷立柏。

地动仪

找到了雷立柏以后，他十分坦率并且毫无保留地拿出他所看过的西方对于张衡地动仪研究与质疑的各种文献给冯锐。从这些文献中，冯锐看到了几位海外华人学者、日本地震学家关野雄以及美国科学院院士博尔特等人对收藏于中国国家博物馆的张衡地动仪模型的批评与否定。博尔特是冯锐在伯克利加州大学地质地球物理系做访问学者时的系主任，看到这样熟悉的权威也在质疑张衡地动仪，刺激的痛感就更加强烈。

通过查阅老师博尔特的一系列文献资料，冯锐又找到了被称为现代地震学创始人的英国人米尔恩与张衡的渊源。

服部一三成为张
衡地动仪的首位
复原人

## 2．米尔恩与张衡的地动仪

1868 年的明治维新使得日本在 19 世纪中叶后，远远地走在了中国的前头。服部一三届时留学美国，八年后的 1875 年，24 岁的服部一三从美国回到日本，这位懂汉字的年轻人首先绘制了张衡地动仪的外形，并用汉字在图画的四周抄下了《后汉书张衡传》中的 196 个字，在日本传播地动仪的思想，这种行为与他的祖国是个地震多发国有关。第二年，英国工程学教授约翰·米尔恩受聘于东京帝国工程学院，米尔恩在日本生活了二十年，他在东方的游历以及中日同源的文化背景，使这位地质物探学者接触到了东方文化和张衡地动仪，并第一个向西方介绍张衡地动仪。米尔恩在向西方传播张衡地动仪时，已经意识到张衡是将都柱悬挂在仪器中央，利用物体的惯性来测定地震。1880 年日本地震学会成立，服部一三任会长，米尔恩任副会长。

米尔恩 1883 年在服部一三 1875 年描绘的张衡地动仪外形基础上，绘制了新的张衡悬垂摆式地动仪复原模型，十年后，米尔恩制成世界上第一部可在台站普遍架设的现代水平摆地震仪。又过了十年，1896 年米尔恩回到英国，将他发明的地震仪安装于 62 个国家，

张衡所发明的地动仪

张衡与地动仪

并编制了全球地震报告，成为举世公认的现代地震学奠基人。

　　不同于张衡地动仪只有验震功能，米尔恩地震仪还具有记录地震时间、方位、地震波形的作用。米尔恩在他的《地震和地球的其他运动》一书中提到张衡"悬挂都柱"的工作原理，在他的回忆录中讲过他曾受到启迪才于1880—1883年间进行了大量模仿和试验，并于1892—1894年发明了现代地震仪。米尔恩在自己所熟悉的牛顿、惠更斯、皮纳等对惯性和悬垂摆研究的基础上，发现张衡地动仪在一千七百多年前就已经运用了惯性原理。在这个科技发展史的链条中，米

**地动仪装饰品**

**浑天仪与地动仪**

尔恩是古代张衡地动仪原理与现代地震理论相互衔接的重要一环。

张衡地动仪大的发明，为了人们解开了一些关于地球运动的秘密

　　于是，这位西方人在首版于 1883 年的《地震和地球的其他运动》一书中首先介绍了张衡地动仪，他认定张衡所用的是悬垂摆并详细指出了地动仪中悬垂摆的作用。他复原的那部张衡地动仪高约 3.5 米。他在日本做模拟试验时，因为上悬挂点需要很高，竟然把二层楼房子捅了个洞来进行对比观测。此后，米尔恩又与他的同胞，一同受聘到日本的尤因、格林等人设计出他们首创的世界第一架地震仪，这架地震仪的悬垂摆高 6 米、重 25

地震仪复原模型

千克，下部用杠杆进行放大记录。

米尔恩的《地震和地球的其他运动》一书是现代地震学的开山之作，至少再版过9次。在前4版中都有关于中国东汉科学家张衡及其对地动仪原理的介绍，并被作者奉为人类迈出的第一步。

从第5版起，原书做过重大修订。他1913年去世这一年发行第9版，由后人对该书做了修改，书中已经彻底删除了有关张衡及其地动仪的章节，在对地震仪器进行介绍时，一开头便从米尔恩地震仪讲起了。

日本国内，对于地震仪原理的争论，也一直分为两派，除了米尔恩所坚持的悬垂摆原理，还有一派坚持遵循直立杆原理复原地动仪。

3. 国人对地动仪模型复原的努力

中国建筑师吕彦直是南京中山陵和广东中山纪念堂的设计者，早年留学法国，艺术上追求中西风格的融合，1917年，正在美国留学的吕彦直时年23岁，修改了米尔恩的地动仪复原外形图，使之更具中国传统文化特色。这是近代中国第一位思考过张衡地动仪工作原理的中国学者。

1934 年毕业于燕京大学研究生院的王振铎，是中国现代史上第一位严肃认真地复原张衡地动仪模型的人。这位搞文史考古的青年人，在 1936 年，时年 24 岁，画出了自己复原的第一部张衡地动仪模型图样。在今天能够看到的设计资料中，他的悬垂摆含在外壳内部，比米尔恩的更加"形似酒樽"。

吕彦直

王振铎的这篇论文发表在《燕京大学学报》上，论文中配了外观设计图以及内部结构图。那段时间王振铎正处在从燕京大学研究院历史专业毕业，接下来任职北平研究院史学研究所的过渡时期里，这一年对于张衡地动仪的复原思考，完全是出自他个人的爱好。他参考了中外各方面的典籍，其中就有范晔的《后汉书》以及英国人米尔恩关于张衡地动仪的设计资料。在地动仪机理方面，他认可并采纳了米尔恩悬垂摆原理。

在王振铎论文发表一年之后，日本地震学家原尊礼按照直立杆原理也设计了一尊他所理解的张衡地动仪；1939 年日本地震学家今村明恒也设计了一尊直立杆原理的地动仪，并按照直立杆的原理进行了实验。因直立杆的倾倒方向与地震射线方向垂直，有悖于史

王振铎1951年设计的张衡地动仪复原图

书对地动仪的记载，于是便不再做后续研究。

新中国成立后，王振铎任文化部文物局博物馆处处长，为了配合中国古代灿烂文化的宣传以及博物馆陈列需要，他开始考虑复原张衡地动仪。这一次，王振铎否定了自己1936年的设计，根据《后汉书》中"中有都柱"的记载并借鉴原尊礼的直立杆原理，用了一年时间，于1951年设计并复原出木质的张衡地动仪模型。

正是这一部直立杆模型，在日后遭到地震学界的诟病，并因之认为错在张衡。

4.争议的核心

在那个特殊的年代，王振铎的概念模

浑天仪与地动仪

106

地震仪邮票

型受到了空前的关注，它也表明了 20 世纪 50 年代中国对于科学的研究和普遍的知识水平。它是新中国唯一一件张衡地动仪宣传模型，1952 年《人民画报》介绍了成功复原的事迹，1953 年被作为中国特种邮票选印发行，随之而来的是被写入全国中小学教科书。至今，它还是中国地震局的标志。不仅如此，它还多次作为中外文化交流的重要载体在各国和地区展出，甚至以国礼的形式赠送给其他国家。它甚至作为人类文明的化身，摆在联合国世界知识产权组织总部，与象征美国当代航天科技的、从月球带回的岩石一同展出。

王振铎没有想到，他的这项工作教育并

激励了几代中国人，木质模型被大多数中国人误以为是完全定论的、不可更改的唯一模型，甚至被当做出土文物来仿制和收藏，尤其是教科书中并没有说明这是一件后人的复原作品，因此更多的人从学生时期，就以为那是张衡的原作，并将直立杆原理和倒立酒瓶子熟记在心。

国际社会在 20 世纪 60 年代，再次把眼光投向这部直立杆的地动仪，随着不断深入的国际学术交流，这个模型的偏谬和失误不断暴露出来，批评与否定渐趋激烈。1969年以来，中、日、美、荷、奥等国学术界发表了一系列的措辞严厉的论文。

复原的张衡地动仪外观

浑天仪与地动仪

108

地动仪

英国的中国科技史学家李约瑟院士是张衡科技发明的积极推崇者，他指出的也是，该模型与史书的几处不符；美国地震学家博尔特院士没有质疑过张衡地动仪，他指出的问题集中在 1951 年模型身上：中国目前最流行的地动仪模型工作原理模糊，模型简陋粗糙，机械摩擦大大降低了灵敏度，对地震的反应低于居民的敏感，其作用应予以质疑，而且利用铜丸的掉落方向来确定震中也是不确定的。

在中国国内，复原地动仪的科学性只在学界内开展，社会上出现的负面影响并没有

博物馆陈列
的地动仪

人出面澄清。比如，地震发生时，没有人知道观察吊灯，流行于民间的地震报警是一只只倒立的酒瓶子，并且以为这就是张衡的智慧之处。

在国外发表了多篇有关该模型的学术论文时，国内仍只限于对 1951 年模型的大量科普宣传，直到 21 世纪初年，才有地震学专业的研究用数据来证明张衡的智慧。

## （六）复原之路

对那些质疑地动仪，甚至是整个中国科技史的人来说，最好的回应就是能够成功复原出地动仪。下面就介绍一下我国的学者们在这方面所做的努力。

### 1. 概念模型研究

要复原地动仪首先面临的是数理计算问题，而要得到具体数据，必须找到相关的史料。于是冯锐首先找到在张衡死后 259 年出生的范晔所著的《后汉书》，那本书里面中对于地动仪的记载共有 196 个字。这 196 个字中，只有"圆径八尺"是个定量的概念，也就是说，张衡当年的地动仪的直径是当时的八尺，以当时的一汉尺等于 23.5 厘米换算一下，就能得到张衡地动仪的直径，再根据"形似酒樽"一句，查阅各种资料的结果表明，汉代酒樽的高与直径的比例大体在1.5:1。

通过梁思诚《中国古代建筑史》一书中汉朝柱子的分析，"都柱"的高度也算出来了。通过这些数据进行定量计算的结果是，一千八百多年前张衡那部地动仪都柱摆动的固有周期至少在1.67—2秒以上。要验证这一结果，对于冯锐这样的专业工作者来说具有便利的条件，他调来了1985年以后陇西地震传至河南省洛阳地震台的地震波记录图，不出所料，从陇西到洛阳的地震波果然主要是

复原地动仪让学者们绞尽脑汁

张衡与地动仪

张衡与地动仪

瑞利面波，周期以 2—5 秒为主。

计算所得的结果，不仅固有周期与真实地震波优势周期吻合，而且触发仪器的波动震相也与瑞利面波吻合，这说明了一点，张衡地动仪的确是运用悬垂摆原理制成的。张衡对于悬垂摆的运用的确早于西方一千六百多年，而且其都柱高度也已经通过计算得到了验证。

2. 不是巧合，而是时代的要求

冯锐完成了基本数据的验证后，2003年1月发表了论文《地动仪的否定之否定》，明确指出了国内最流行的王振铎复原模型(也称"传统模型")的原理性错误。他没

浑天仪与地动仪

有想到的是他的观点受到了中国地震局的重视。中国地震局支持他与国家博物馆合作加大理论研究力度，中国地震学专业委员会的专家们还先后两次听取了他的报告，明确支持彻底否定王振铎模型的工作原理。冯锐和武玉霞遂于 2003 年 10 月在中文核心期刊上发表了长篇论文《张衡候风地动仪的原理复原研究》，公布了更加严谨的学术研究结果。

2004 年 7 月，来自中国地震局、国家博物馆、河南博物院、自动化研究所等八家单位专家组成的"张衡地动仪科学复原课题组"成立了，由冯锐总负责。

张衡纪念邮票

### 3. 史料发掘与数理计算

冯锐所做的第一件事，就是把陇西自1985年以来所有地震的波形图调来，通过对这些波形图的分析和计算发现，不出课题组的预料，从陇西到洛阳地震波的周期、幅度、震相、加速度、持续时间等参量，不仅是在理论预期的合理范围内，而且与类似的真实地震的波动记录结果相吻合。这一结果无疑说明了一个问题，张衡的地震仪在134年的确测到了陇西的地震，它不是一个虚幻的神话。同时也表明，冯锐对地动仪多种参数的计算是正确的。有了量化参数，就具备了科学复原的基本条件。

在历史学家与考古学家的参与下，对于张衡地动仪的记载更从一本《后汉书》的196个字增加到238个字，这突然增加出来的42个字，对于冯锐来说真是"字字玑珠"。还有一天半夜，冯锐接到中国社科院考古研究所卢兆荫研究员的电话，八十多岁高龄的卢兆荫兴奋得睡不着觉，他说："冯锐，我又找到一些有关张衡地动仪的史料，是司马彪的《续汉书》。"冯锐当时没有反应过来，他不知道司马彪是谁，更不清楚时

地动仪

代的前后。卢兆荫又解释一句："是西晋的。西晋的司马彪要比南北朝的范晔早一百多年呢！"这下冯锐听明白了。电话那头的卢先生告诉他："有新内容，其中一句说：'其盖穹隆'，地动仪的盖子是穹隆状的。"这个消息对冯锐的工作实在是帮助太大了。因为汉代的酒樽有两种，温酒樽的盖子就是穹隆状的，史料文字与出土文物是吻合的，这种形状的酒樽特别适合地动仪的技术要求。后来，通过考古学家和国家图书馆善本特藏库的帮助，又陆陆续续地找到了宋代的一些帛质古籍的影印本，前后有七个版本的古籍，对张衡地动仪进行过不同的记录。冯锐把七份史料、不同版本中有关张衡地动仪的记载，全部抄了下来，列成表。一个字一个字地对比，他想从中找出重复的字与不重复的字来，在从未重复的那些字句中找到解决方案。

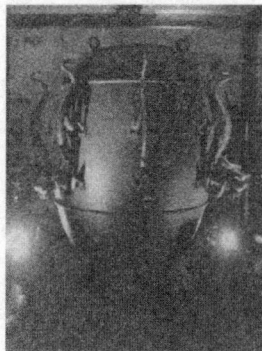

展柜中的地动仪

无论是中国的张衡在132年制作的地动仪，还是英国人米尔恩1883年在日本推断的地动仪内部结构，都有一个重要的部分，那就是柱子。中国历史博物馆（现改名为中国国家博物馆）已故历史学家王振铎1951年设计的地动仪中，也有一个直立杆的柱子。而

张衡与地动仪

这根柱子到底应该是什么样的呢？通过计算王振铎复原的直立杆都柱，高与直径之比是40：1，这一比例连一根完整的铅笔都立不起来。

中间这根柱子，为什么叫"都柱"呢？惜墨如金的中国古人为什么要用一个"都"字？古代汉语对"都"的解释之一就是"大"。据此，冯锐设计的铜质都柱粗壮雄浑，高与直径的比约为6：1左右。"都"字的原理在于——"地动摇樽，樽则震"，而不是地动摇"柱"，"柱"则震。樽震现象的原理在于地球上的万物都是处于与地球同一状态中，而张衡地动仪则是利用惯性原理，在地震波传来的一刹那所发生的绝对运动中，仍有一个相对静止的都柱因质量大而停留在相对静止中，从而会发生一段相对位移，张衡在1800年前就能对于这一物理特性加以运用。这一点也说明，张衡的都柱绝对不是直立杆，而是悬垂摆。

复原研究中的困难很快就表现出来，原理的正确并不意味着内部结构的设计合理。因为按照冯锐把都柱设计成狼牙棒的方案，无法达到"一龙发机，而七首不动"的效果，

**都柱图解**

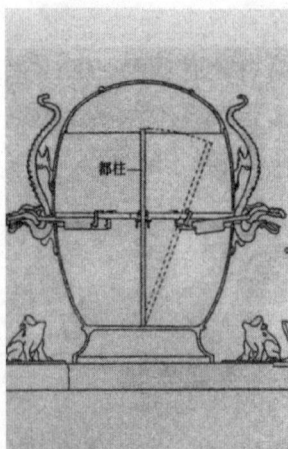

浑天仪与地动仪

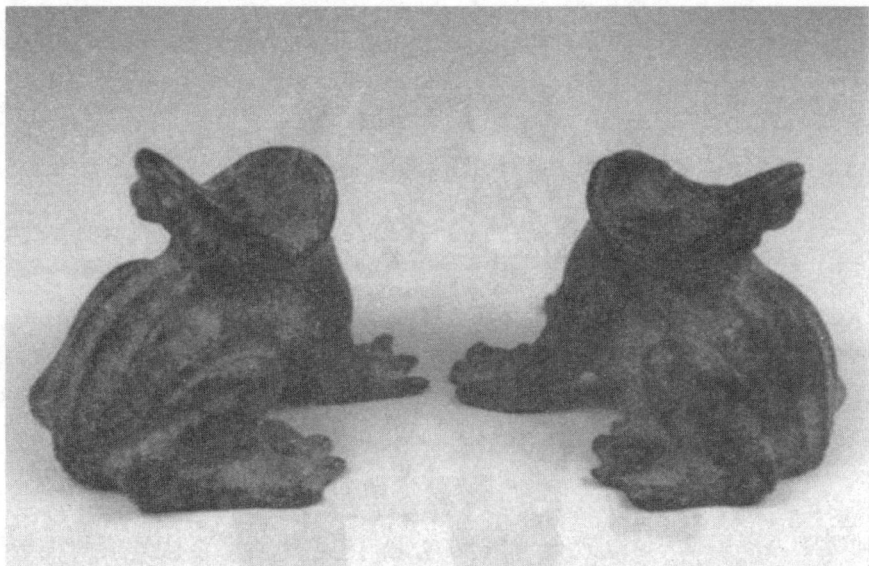

也就是说，张衡当年的地动仪在地震发生后只有一个处于地震波面的龙会吐珠，其他七只龙首不会出现任何反应。他设计的"机关"与"都柱"之间，仅有三四毫米的距离，都柱轻微的摆动就会接二连三地碰得一圈龙都"发机"。加上都柱运动的动量过小，不足以直接推动"龙机"的运动。狼牙棒设计很快就被自动化研究所退了回来，明确告诉他，无法实现。

张衡地动仪下的蟾蜍

　　冯锐设计了多种都柱，但始终不得其解，他忽然意识到：除原理之外，对张衡的技术措施还没有吃透。或者说，张衡除了首次利用了惯性外，他在技术的实现上一定还有重大的历史创新和贡献，长期并不为人们所了解。否则地动仪不可能在洛阳测出陇西地震的波动量。

地动仪

从现代地震仪的观测实践来看，洛阳地震台需要对惯性摆的相对位移量置于 2000—3000 倍的电子放大量才能够测出陇西地震的信号。这样高的灵敏度，不是惯性摆的简单位移能够实现的。

4. 两个汉字与新模型核心技术的突破

一遍一遍地背诵古文，一个字一个字地分析推敲后，一个深夜，冯锐忽然注意到"施关发机，机关巧制，皆隐在樽中"的"皆"字。"皆"是都的意思，复数；"施关发机"的施和发都是动词，"机"和"关"都是名词。因此，"机关"就不是我们现今习惯理解的双音节词，而应该理解成两个单音节词。"关"字的析出，意味着地动仪由柱、关、道、机、丸五部分组成，都柱首先对"关"施加作用后，才使"龙机"得以发动。

关就是触发机构，是地动仪能够以极高的灵敏度测出地震波的一个关键性技术措施。

在向卢兆荫先生请教以后，冯锐确认了这样理解的合理性，"机"和"关"果然是两个词，中国古代都是单音节词，每一个字都有独立的含意，"关"就是门闩的意思，"闩"作为一个象形字，门中间有一横。关就是都柱中间的一小"横"线。于是，一个被称为"悬针含露"的方案设计出来了。至此，历史文中记载的"都柱""机""关""道""丸"，每个部件全部找到了并能够安放在相应的位置，同时获得"一龙发机，而七首不动"的效果。

5. 成功复原

终于，课题组复原的模型做好了，但是复原的张衡地动仪必须经过"验震"的考验。这种考验不再是纸上的演算，而是放到一个振动台上去，振动台在电脑的控制下，通过较为复杂的液压机电系统重现了 1976 年唐山地震、2000 年泸西地震、2001 年孟艺地震的地表震动过程，并在这个基础上模拟了一千八百年前的京师洛阳在陇西地震时的运动水平，课题组复原的模型不仅第一次显示出良好的验震功能，还对持续两个月的强烈

博物馆展出的
地动仪

张衡与地动仪

119

现代地震仪

非地震性振动表现出很强的抗干扰能力。也就是说，中国对于张衡地动仪终于实现了从概念模型到科学模型转变的关键性突破。

在振动台上，这些模型不再只是模型，而成为能够工作的仪器，做到了古代文献中记载的，在时间顺序上"地动摇樽，樽则振，龙机发"，在发机的数量上实现了"一龙发机，而七首不动"。

复原地动仪的工作终于圆满成功！其后，冯锐说："一直以来人们都有误解，认为地动仪能够预测地震，这其实是不正确的，这只是'验震器'，对已经发生的地震有反应。"

验收会结束后，中科院地质与地球物理所的滕吉文院士说："地动仪是中华文明留给人类的宝贵文化遗产，各国科学家都在尝试复原，如果我们不把这件事做好，那就是罪过。从原理上和制作过程上讲，这台复原模型符合史料记载，符合张衡的基本思想……这台地动仪复原模型代表了现代人的认识，它在现阶段是最好的。"